46억 년 전에 태양과 함께 태어나
사람이 살 수 있는 아늑한 행성이 될 때까지
수많은 사건과 사고를 겪어 온 우리의 지구.
그 파란만장했던 역사 속으로 들어가 봅시다.

지구는 몇 살일까?
지구의 역사

박병철 글 | 김현영 그림

아득한 옛날, 그러니까 지금으로부터 약 137억 년 전에
똘똘 뭉쳐 있던 아주 작은 덩어리가 무지막지한 폭발을 일으키면서
우리의 우주가 탄생했습니다.
이 사건을 **빅뱅**이라고 하지요.
그 후 우주는 말도 안 될 정도로 빠르게 커지면서
곳곳에 별들이 모인 집단인 **은하**가 생겨나기 시작했습니다.

처음 태어난 별들은 수십억 년 동안 밝은 빛을 발하다가 수명이 다했을 때 엄청난 폭발을 일으키면서 산산이 흩어졌습니다. 그리고 그 조각들이 먼지와 함께 뭉쳐서 새로운 별이 만들어졌지요. 이렇게 태어난 아들딸 별들은 다시 수십억 년을 살다가 또다시 엄청난 폭발을 일으키며 사방으로 흩어졌습니다. 그리고 그 조각들이 또다시 모여서 손자, 손녀 별이 되었는데 그중 하나가 바로 우리의 **태양**이었습니다.

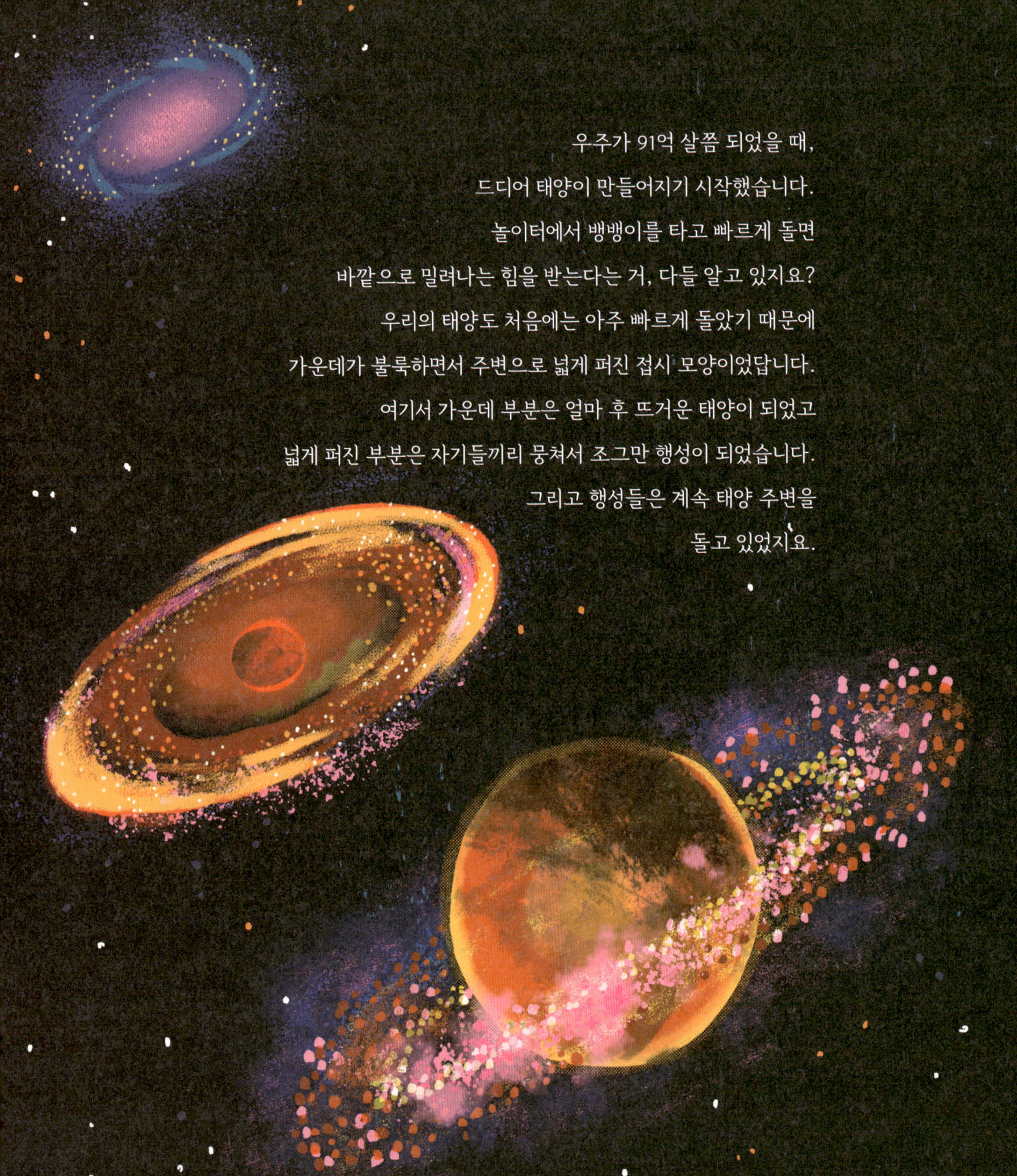

우주가 91억 살쯤 되었을 때,
드디어 태양이 만들어지기 시작했습니다.
놀이터에서 뱅뱅이를 타고 빠르게 돌면
바깥으로 밀려나는 힘을 받는다는 거, 다들 알고 있지요?
우리의 태양도 처음에는 아주 빠르게 돌았기 때문에
가운데가 불룩하면서 주변으로 넓게 퍼진 접시 모양이었답니다.
여기서 가운데 부분은 얼마 후 뜨거운 태양이 되었고
넓게 퍼진 부분은 자기들끼리 뭉쳐서 조그만 행성이 되었습니다.
그리고 행성들은 계속 태양 주변을
돌고 있었지요.

처음에 만들어진 조그만 행성은 무려 수백 개나 되었습니다.
하지만 그들 중 대부분은 태양에 빨려 들어가서 흔적도 없이 타 버렸고
어렵게 살아남은 행성들도 자기들끼리 부딪혀서 산산이 부서지곤 했습니다.
이 와중에 끝까지 살아남은 행성들이 바로
수성, 금성, 지구, 화성, 목성, 토성, 천왕성, 해왕성입니다.
치열한 경쟁을 뚫고 어엿한 행성으로 자랐으니 앞으로는 잘 살아야 할 텐데
안타깝게도 우주는 그리 만만한 곳이 아니었습니다.

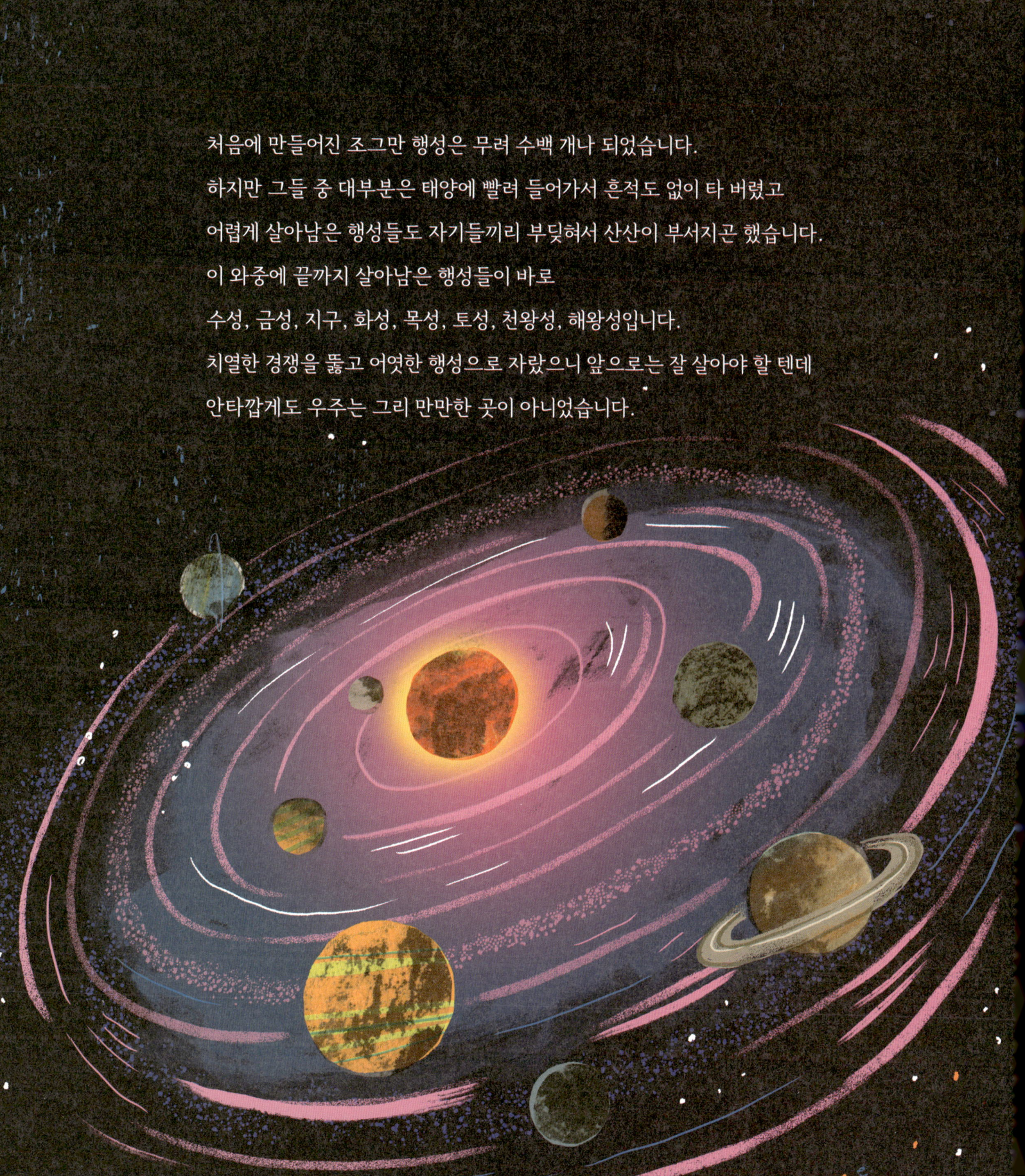

처음에는 지구와 아주 가까운 곳에 '테이아'라는 행성이 있었습니다.
테이아는 지구보다 조금 작으면서 단단한 바위로 이루어진 행성인데,
지구 근처에서 엄청나게 빠른 속도로 내달리고 있었지요.
신호등도 없는데 바짝 붙어서 달리다니, 저러다 사고 치는 거 아닐까요?

아니나 다를까, 지구가 1억 살쯤 되던 어느 날
테이아는 기어이 지구와 부딪히고 말았습니다.
어린 지구에게 일어난 첫 번째 대형 사고였지요.

이들이 정면으로 충돌했다면 둘 다 산산조각 나서 가루가 되었을 겁니다.
하지만 살짝 비스듬하게 부딪힌 덕에 다행히 지구는 살아남았고,
테이아의 앞쪽 면은 산산이 부서져서 우주로 날아가 버렸습니다.
그리고 뒤쪽 면은 지구에서 떨어져 나간 조각들과 다시 뭉쳐져
지구 주변을 도는 위성이 되었지요.
이 위성이 바로 지구의 하나뿐인 동생, **달**이랍니다.

충돌의 상처가 간신히 아물어 가던 무렵, 이번에는 목성이 지구를 괴롭히기 시작했습니다. 태양 다음으로 몸집이 크고 중력도 강한 목성이 자기 주변에 있던 작은 행성과 혜성을 세게 잡아당겨서 지구가 있는 쪽으로 마구 내던진 것입니다. 그 바람에 지구와 달은 소나기처럼 쏟아지는 운석에 얻어맞아 곳곳이 패이고 갈라지며 만신창이가 되었습니다. 지구에 사람이 아직 태어나지 않은 것이 그나마 다행이었지요. 그 후 지구에 난 상처는 바람과 물에 씻겨서 거의 사라졌지만 물도, 공기도 없는 달에는 운석이 남긴 상처가 지금까지 고스란히 남아 있답니다.

그러나 운석이 지구에게 상처만 입힌 것은 아닙니다.
운석에 섞여 있던 금, 은 같은 금속은 지구를
'비싼 행성'으로 만들어 주었고,
물을 잔뜩 머금은 운석이
수없이 떨어진 덕분에 메말랐던 지구에
바다가 생겨날 수 있었습니다.
무엇보다 우주에서 날아온 운석 안에는
생명체가 탄생하는 데 반드시 필요한 재료가
들어 있었지요. 그렇습니다.
운석은 지구를 '생명의 행성'으로 만들어 준
고마운 날벼락이었습니다.

테이아 행성과 부딪힌 후로 지구는 몹시 뜨거워졌습니다.
그때 땅이 온통 녹아내리는 바람에 무거운 철은 가운데로 가라앉고,
바위와 물처럼 가벼운 것들은 위로 떠올랐습니다.
그 후 지구는 빠르게 식으면서 내핵, 외핵, 맨틀, 지각의 순서로
양파 껍질처럼 층층이 쌓이게 되었지요.
그런데 지구가 자전할 때 철로 이루어진 외핵에 전기가 흘렀고
전기가 흐르는 곳에 자기장이 생기면서
지구는 커다란 자석이 되었습니다.

지각

외핵

맨틀

내핵

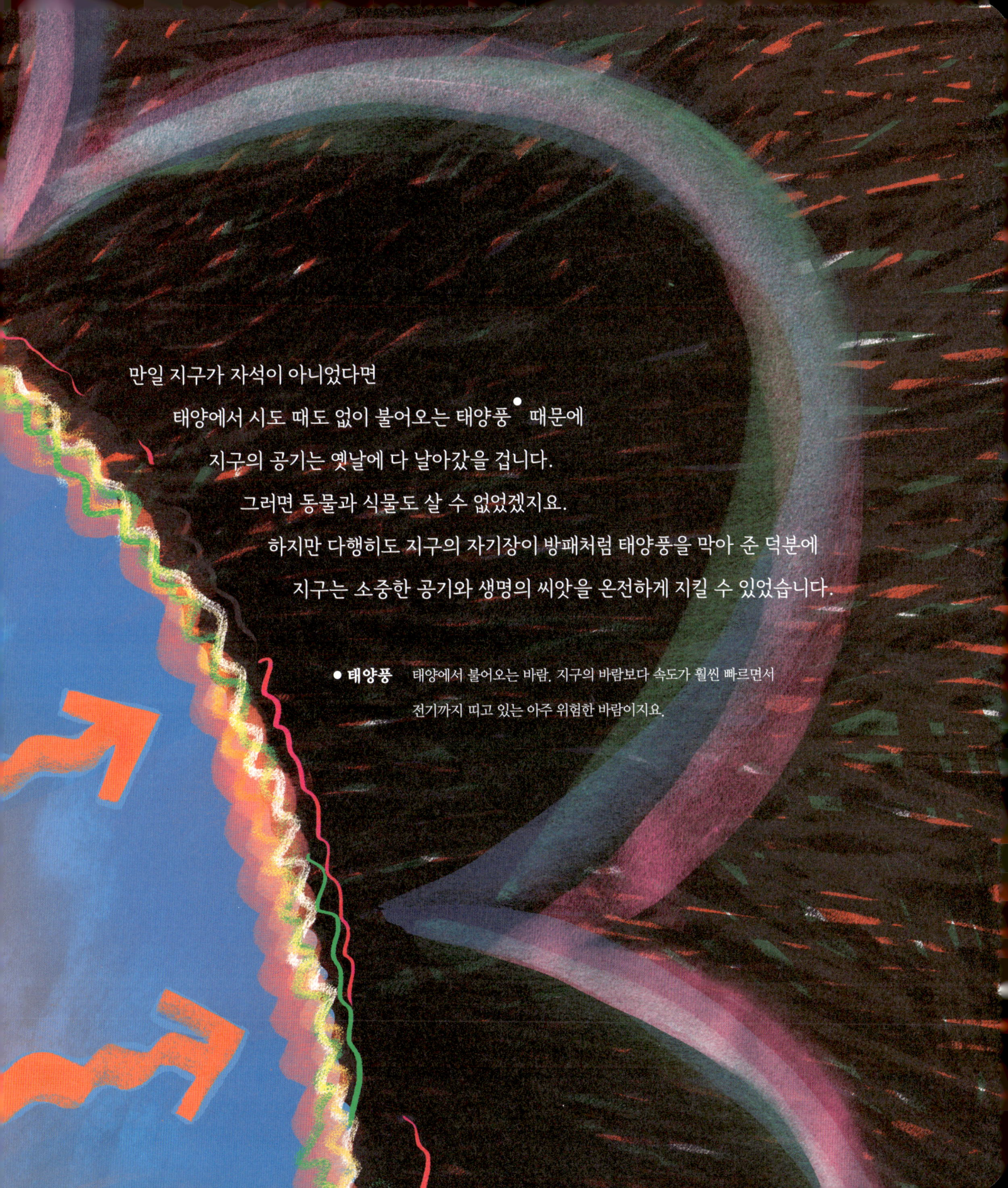

만일 지구가 자석이 아니었다면
태양에서 시도 때도 없이 불어오는 태양풍˙ 때문에
지구의 공기는 옛날에 다 날아갔을 겁니다.
그러면 동물과 식물도 살 수 없었겠지요.
하지만 다행히도 지구의 자기장이 방패처럼 태양풍을 막아 준 덕분에
지구는 소중한 공기와 생명의 씨앗을 온전하게 지킬 수 있었습니다.

● **태양풍** 태양에서 불어오는 바람. 지구의 바람보다 속도가 훨씬 빠르면서
전기까지 띠고 있는 아주 위험한 바람이지요.

앞에서 '운석 덕분에 지구에 바다가 생겼다'고 말했지만,
과학자들 중에는 '지구에는 처음부터 물이 있었다'고 주장하는 사람도 있습니다.
둘 다 나름대로 이유가 있는 주장이니,
지구의 바다는 원래 있던 물에 운석이 배달해 준 물이 더해져서
지금과 같이 만들어졌다고 생각하는 게 맞을 겁니다.
중요한 것은 지구의 물이 출렁출렁한 액체 상태로 존재한다는 것입니다.
지구가 지금보다 태양에 가까웠다면 바닷물은 펄펄 끓어서 증발했을 것이고,
또 지금보다 멀었다면 꽁꽁 얼어붙어서 차디찬 얼음 행성이 되었을 겁니다.

지구가 출렁출렁한 물로 가득한 푸른 행성이 되었기 때문에
지금처럼 다양한 생명체가 생겨날 수 있었습니다.
그리고 이것은 지구가 태양과 너무 멀지도 가깝지도 않은
가장 좋은 자리를 차지한 덕분이었지요.

지금은 지구의 육지가 여러 대륙으로 나뉘어져 있지만,
20억 년 전까지만 해도 모든 대륙은 하나로 붙어 있었습니다.
그런데 지구의 껍질인 지각은 여러 개의 판으로 나뉘어져 있기 때문에,
이 지각판들이 천천히 움직이면서 대륙도 움직이기 시작했지요.
아프리카 대륙의 서쪽 해안선과 남아메리카 대륙의 동쪽 해안선이
거의 똑같이 생긴 것이 그 증거입니다.

그 후로 대륙들은 흩어졌다 모이기를 반복하다가
6500만 년 전에 지금과 같은 모습이 되었지요.
화산과 해일 그리고 지진과 같은 천재지변은
지각판들이 아주 조금씩 움직이면서 나타나는 현상이랍니다.
가랑비에 옷 젖는다고, 이런 변화가 계속되다 보면
수억 년 후의 세계 지도는 지금과 완전히 달라질 것입니다.

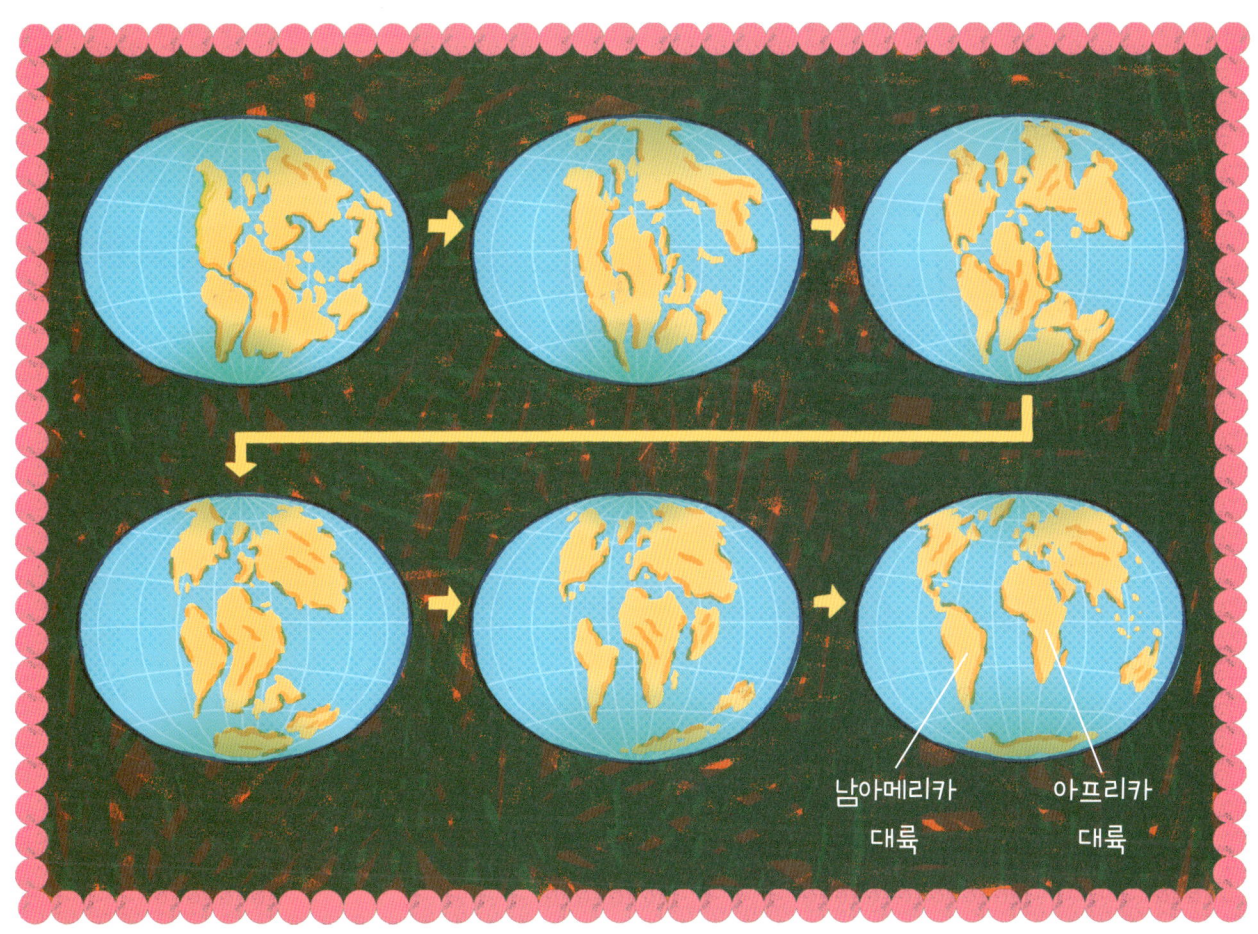

남아메리카 대륙   아프리카 대륙

최초의 생명체는 35억 년 전에 이미 탄생했습니다.
지구에 운석이 소나기처럼 쏟아지던 바로 그 무렵이었지요.
하지만 이들은 달랑 세포 한 개로 이루어진 단순한 생물이었고,
우리가 맨눈으로 알아볼 수 있는 생명체는
그로부터 거의 30억 년이 지난 5억 4000만 년 전에 등장했습니다.
그런데 이 무렵에 대체 무슨 일이 있었는지
얼마 안 되던 생명체의 종류가 갑자기 수천, 수만 배로 많아졌답니다.

이때만 해도 대부분의 생명체는 바닷속에서 살았고,
가장 흔한 생명체는 삼엽충이었습니다. 그 수가 어찌나 많았는지
지금도 박물관 기념품 가게에 가면 진짜 삼엽충 화석을 살 수 있을 정도입니다.
삼엽충은 겉은 딱딱하고 속은 말랑말랑한 동물이었는데,
5억 년 전부터 그와 정반대인 동물이 등장했지요.
몸속에 딱딱한 뼈가 있고, 겉은 말랑말랑한 동물,
바로 **물고기**였습니다. 삼엽충은 결국 멸종했고
물고기는 훗날 진화해서 사람이 되었으니, 둘 중 어느 쪽이
환경에 더 잘 적응했는지 굳이 말 안 해도 알겠지요?

진짜 많군.

모든 동물이 바다를 세상의 전부로 알고 살아가던 어느 날,
한 무리의 용감한 물고기들이 물 밖으로 기어 나왔습니다.

물고기가 편안한 물을 떠나 육지로 올라온 것은
지구 역사에서 가장 중요한 사건 중 하나였습니다.
육지로 올라온 물고기는 지느러미가 점차 다리로 진화하여
땅과 물을 오락가락하면서 사는 **양서류**가 되었지요.
그 후로 약 5000만 년 동안 지구에서 가장 똑똑한 생명체는
개구리와 도롱뇽 그리고 두꺼비였습니다.

개구리가 땅과 물을 오가며 지구를 누비고 있을 무렵,
지구에 또다시 엄청난 재앙이 닥쳤습니다.
시베리아에 있는 화산들이 한꺼번에 폭발한 것입니다.
이 폭발은 한두 번이 아니라 무려 백만 년 동안 계속되었지요.
화산이 위험한 이유는 뜨거운 용암 때문이 아니라
분화구에서 뿜어져 나오는 가스와 먼지 때문입니다.

가스와 먼지가 공기에 섞여 골고루 퍼지면
햇빛이 가려져서 식물이 살지 못하고, 식물이 없으면 동물도 살 수 없습니다.
이것 때문에 바다와 육지 생물들 중 아주아주 적은 수만 살아남고
나머지는 모두 멸종해 버렸습니다.
30억 년이 넘는 긴 세월 동안 생명을 알뜰하게 보살펴 온 지구가
갑자기 죽음의 행성이 된 것입니다.

화산에서 시작된 자연재해가 얼마나 지독했는지,
지구에 생명이 다시 번성할 때까지 무려 천만 년이 걸렸습니다.
그런데 지구의 새로운 주인으로 등장한 동물은 개구리가 아니라
딱딱한 껍질로 싸인 알을 낳는 **파충류**였습니다.
그리고 파충류의 챔피언은 단연 공룡이었지요.

안녕!
대륙 이동이 끝나면
편지해.

태양계의 행성인 화성과 목성 사이에는
조그만 행성들로 이루어진 '소행성 띠'라는 것이 있습니다.
태양계가 만들어지던 무렵, 큰 행성끼리 부딪치면서
산산이 부서진 조각들이 마치 행성처럼 태양 주변을 돌고 있는 것이지요.
그런데 가끔은 자기들끼리 부딪쳐서 궤도를 벗어난 소행성이
지구를 향해 날아오기도 합니다.

작은 소행성은 지구를 향해 날아와도 별 문제가 되지 않습니다.
지구를 둘러싼 공기와 부딪칠 때 뜨거운 열이 발생하여
땅에 닿기도 전에 타 버리기 때문이지요.
하지만 엄청나게 큰 소행성이라면 어떨까요?
이런 무지막지한 바윗덩어리가 지구로 날아오면
초대형 화산이 폭발했을 때와 비슷한 일이 벌어집니다.

공룡이 지구를 지배했던 6600만 년 전의 어느 날,
폭 10킬로미터짜리 소행성이 남아메리카 대륙의 멕시코 해안에 떨어졌습니다.
그 충격으로 바위가 녹으면서 땅 위에 엄청난 두께의 찌꺼기가 쌓였고,
뜨거운 바위 조각이 하늘로 치솟았다가 떨어지면서 곳곳에 산불을 일으켰습니다.
또 생물에게 해로운 가스가 퍼져 나가서 햇빛을 막는 바람에
지구가 차가운 '겨울 행성'으로 돌변했지요.

햇빛이 약해지니 식물이 살 수 없고,
식물이 없으니 초식 공룡이 굶어 죽고,
초식 공룡이 없으니 육식 공룡도 굶주리게 되었습니다.
공룡은 덩치가 커서 남들보다 많이 먹어야 하는데,
먹을 게 없으니 누구보다 힘들었을 겁니다.
결국 공룡들은 소행성 하나 때문에 지구에서 완전히 사라졌고,
땅에 살던 다른 생물도 대부분이 멸종했습니다.
멸종, 또 멸종… 대체 지구는 언제쯤 평화로워질 수 있을까요?

나도 엄연히 파충류고 소행성 충돌에도 살아남았는데, 왜 이렇게 인기가 없을까?

너무 오랫동안 살아남아서 그래. 공룡처럼 굵고 짧게 살았어야지!

위험한 환경에서는 덩치가 작을수록 유리합니다.
조금만 먹어도 되고, 새끼를 일찍 낳아서 많이 기를 수 있고,
목숨이 위험해지면 재빨리 땅속으로 숨을 수도 있으니까요.
그래서 소행성이 떨어진 후 새로 등장한 지구의 주인공은
몸집이 작고 날쌘 **포유류**였습니다.
'아기에게 젖을 먹이는
동물'이라는 뜻이지요.

포유류의 종류는 대륙 이동과 밀접하게 관련되어 있습니다.
예를 들어 캥거루는 호주에서만 살고,
개미핥기와 아르마딜로는 남아메리카 대륙에서만 볼 수 있지요.
대륙들 사이가 멀어져서 이사를 갈 수 없었기 때문입니다.
그 후 지구의 날씨가 다시 포근해지고 식물도 쑥쑥 자라나자,
포유류의 몸집이 점점 커지기 시작했습니다.
드디어 포유류의 세상이 온 것입니다.

지금으로부터 200만 년 전, 드디어 두 발로 걷는 인간의 조상이 등장했습니다.
물론 과거에 일부 공룡과 캥거루도 두 발로 서서 다녔지만,
손으로 자기 머리도 못 긁는 티라노사우루스나
깡충깡충 뛰는 캥거루와는 수준이 달랐지요.
'호모 에렉투스'로 알려진 이들은 머리가 아주 좋아서
손으로 돌도끼와 돌그릇을 만들고, 무리를 지어 사냥하고,
가죽옷을 만들어 입고, 간단한 언어를 사용했습니다.
그러나 뭐니 뭐니 해도 호모 에렉투스의 주특기는 '불 다루기'였지요.

불을 사용하면 추위를 막고, 음식을 익히고, 각종 도구를
만들 수 있을 뿐만 아니라 사나운 동물을 쫓아낼 수도 있습니다.
게다가 밤에 모닥불을 피워 놓고 둘러앉으면 자연히 대화를 하게 되니까
불은 언어의 발달에도 큰 도움이 되었답니다.
'두 발 걷기'와 '불 다루기' 그리고 '언어' 등 온갖 첨단 기술을 갖춘
호모 에렉투스는 주변의 모든 경쟁자들을 가뿐하게 물리치고
지구의 지배자가 되었습니다.

지금 지구에 살고 있는 우리는 호모 에렉투스의 후손인
호모 사피엔스입니다. '현명한 사람'이라는 뜻이지요.
이들은 20만 년 전에 아프리카에서 처음 등장했는데, 11만 년 전부터
지구가 갑자기 추워지는 바람에 거의 멸종될 뻔했습니다.
하지만 모든 생명체들 중 가장 똑똑했던 호모 사피엔스는
각종 사냥 도구와 따뜻한 옷을 만들어서 위기를 넘길 수 있었지요.

다행히 1만 2000년 전부터 지구는 다시 따뜻해졌고,
호모 사피엔스는 역사상 처음으로 농사를 짓기 시작했습니다.
오랜 방랑 생활을 끝내고 한곳에 머물러 살게 된 것이지요.
이때부터 사람들이 모여 사는 마을과 도시가 생겨났고,
5000년 전부터 곳곳에 '문명'이라는 것이 싹트기 시작했습니다.

이것이 지금의 호모 사피엔스, 즉 인간의 모습입니다.
작은 세포에서 출발했던 지구의 생명체가 35억 년 동안
온갖 시련을 이겨 내고 여기까지 왔습니다.
옛날 생명체는 자연에 적응하기 위해
자신의 몸을 바꿔 왔는데, 문명이 발달한 지금은
자신의 몸에 맞게 자연을 바꾸고 있지요.

지구에는 인간 외에도 다양한 생명체들이 함께 살고 있습니다.
그들도 오랜 세월 동안 수많은 고난을 겪으며 정말 어렵게 살아남았지요.
과거에 생명체가 멸종한 것은 화산이나 소행성 같은 자연재해 때문이었는데,
지금은 인간의 욕심 때문에 다른 생명체가 멸종되기도 합니다.
사람들끼리 사이좋게 지내는 것도 물론 중요하지만,
지구에 진정한 평화가 찾아오려면 사람을 포함한 모든 생명체들이
함께 살아가는 방법을 찾아야 할 것입니다.

지구는 태양과 함께 태어나 46억 년을 살아왔고,
앞으로도 50억 년 동안 태양과 함께 살아갈 것입니다.
이 아름답고 푸른 행성에 우리가 살게 된 것은
그야말로 기적 중의 기적이었습니다.
지구와 태양 사이의 거리가 지금보다 가깝거나 멀었다면
물이 끓거나 얼어붙어서 생명체가 살 수 없었을 것입니다.
또 지구에 운석이 소나기처럼 쏟아지지 않았다면 물도, 생명체도 없었을 것이고
지구가 자석이 아니었다면 공기는 옛날에 다 날아갔을 겁니다.

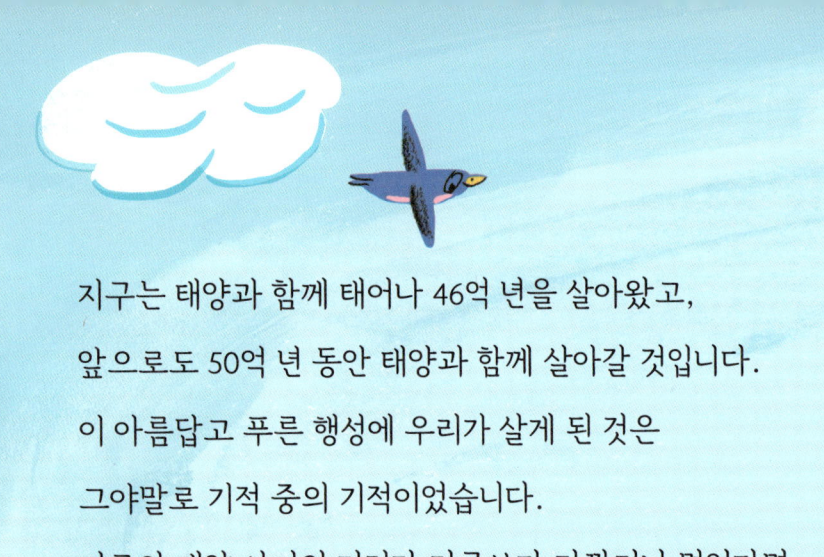

지금까지 우리는 운이 너무나 좋았습니다.
지구가 모든 문제를 해결해 주었기 때문이지요.
그만큼 덕을 보았으면, 앞으로는 우리가
지구를 보살펴야 하지 않을까요?
하나뿐인 지구, 그 미래는 여러분의 손에 달려 있습니다.

지구의 일대기

지구 탄생!
0살

테이아 충돌, 달 탄생
1억살

운석 대충돌기
6억살

공룡의 시대
44억살

소행성 충돌, 공룡 멸종
45억 3400만살

포유류의 시대
45억 5000만살

자석이 된 지구, 생명체 등장
10~12억 살

폭발적으로 늘어난 생명체
40억 6000만 살

시베리아 화산 폭발, 대멸종
43억 5000만 살

인류의 조상 등장
45억 9800만 살

호모 사피엔스 등장
45억 9980만 살

오늘날
46억 살

나의 첫 과학 탐구

소행성이 지구에 또 떨어질 수도 있을까?

공룡은 6500만 년 전에 지구에 떨어진 소행성 때문에 멸종했습니다. 상상만 해도 끔찍합니다. 그런데 이런 일이 또 일어날 수도 있을까요? 물론 가능합니다. '지구에 떨어질 수도 있는 천체'는 지금까지 발견된 것만 무려 1만 6294개나 됩니다. 망원경으로 확인한 것이 이 정도니까, 실제로는 훨씬 많을 겁니다.

소행성이 떨어졌던 흔적인 '칙술루브 충돌구'

충돌구 주변에 암반이 함몰되어 생긴 천연 우물인 '세노테'

하지만 우리에게는 공룡에게 없었던 강력한 무기가 있습니다.
바로 과학이지요!
과학자들은 지금도 우주를 샅샅이 뒤지면서
지구를 위협하는 혜성이나 소행성을 찾고 있습니다.
그들 중 하나가 지구를 향해 날아온다 해도
짧게는 몇 년, 길게는 수십 년 전에 미리 알 수 있기 때문에,
준비할 시간이 꽤 많은 편입니다.
지금까지 나온 아이디어는 우주선을 띄워서 소행성을 살짝 밀어내거나,
태양 에너지를 거울로 반사시켜서 소행성의 경로를 바꾸는 것입니다.
이 방법들이 미덥지 않다면, 여러분이 직접 생각해 보세요.
잘하면 지구를 구해 내는 영웅이 될 수도 있습니다!

2022년 미국 항공 우주국(NASA)은 우주선을 소행성과 충돌시키는 실험을 하기도 했다.

글 박병철

연세대학교 물리학과를 졸업하고 한국과학기술원(KAIST)에서 이론물리학 박사 학위를 받았습니다. 30년 가까이 대학에서 학생들을 가르쳤으며 지금은 집필과 번역에 전념하고 있습니다. 어린이 과학동화 《별이 된 라이카》, 《생쥐들의 뉴턴 사수 작전》, 《외계인 에어로, 비행기를 만들다!》를 썼습니다. 2005년 제46회 한국출판문화상, 2016년 제34회 한국과학기술도서상 번역상을 수상했으며, 옮긴 책으로는 《페르마의 마지막 정리》, 《파인만의 물리학 강의》, 《평행우주》, 《신의 입자》, 《슈뢰딩거의 고양이를 찾아서》 등 100여 권이 있습니다.

그림 김현영

대학에서 의상 디자인을 공부했지만 그림이 너무 좋아서 미국 뉴욕에 있는 SVA(School of Visual Art)에서 다시 일러스트레이션을 공부했습니다. 지금은 두 아이들과의 일상을 그림으로 남기는 일과 책 속의 그림 만드는 일에 열심입니다. 그린 책으로는 《주말에는 우리 강을 여행할래!》, 《세상을 바꾸는 따뜻한 금융》, 《신기하고 특이하고 이상한 능력자》, 《내가 바로 바이러스》, 《귀신 사는 집으로 이사 왔어요》, 《까불이 걸스》 등이 있습니다.

나의 첫 과학책 10 — **지구의 역사**

1판 1쇄 발행일 2023년 3월 27일

글 박병철 | **그림** 김현영 | **발행인** 김학원 | **편집** 이주은 | **디자인** 기하늘
저자·독자 서비스 humanist@humanistbooks.com | **용지** 화인페이퍼 | **인쇄** 삼조인쇄 | **제본** 영신사
발행처 휴먼어린이 | **출판등록** 제313-2006-000161호(2006년 7월 31일) | **주소** (03991) 서울시 마포구 동교로23길 76(연남동)
전화 02-335-4422 | **팩스** 02-334-3427 | **홈페이지** www.humanistbooks.com

글 ⓒ 박병철, 2023 그림 ⓒ 김현영, 2023
ISBN 978-89-6591-485-3 74400
ISBN 978-89-6591-456-3 74400(세트)

- 이 책은 저작권법에 따라 보호받는 저작물이므로 무단 전재와 무단 복제를 금합니다.
- 이 책의 전부 또는 일부를 이용하려면 반드시 저작권자와 휴먼어린이 출판사의 동의를 받아야 합니다.
- **사용연령 6세 이상** 종이에 베이거나 긁히지 않도록 조심하세요. 책 모서리가 날카로우니 던지거나 떨어뜨리지 마세요.